配电现场作业安全手册

配电电缆运检

北京中电方大科技股份有限公司 组编

中国电力出版社

内 容 提 要

本书以配电电缆主要作业为分析辨识对象，较为系统、直观地分析、辨识了各个作业环节可能存在的风险，制定了相应的防范控制措施。作业的一般要求包括：安全防护、现场勘察、两票三制、安全交底、现场监护；作业风险分析与控制包括：电力电缆作业、坑洞开挖。

本书以 3D 漫画的形式，使读者如临现场、生动活泼、通俗易懂，适合从事配电现场作业的技术人员学习、阅读，也可作为相关专业技术人员的培训教材。

图书在版编目（CIP）数据

配电现场作业安全手册．配电电缆运检 / 北京中电方大科技股份有限公司组编．—北京：中国电力出版社，2015.6（2019.4重印）
ISBN 978-7-5123-7712-7

Ⅰ．①配… Ⅱ．①北… Ⅲ．①电缆－配电线路－电力系统运行－安全技术－技术手册②电缆－配电线路－检修－安全技术－技术手册 Ⅳ．① TM7-62

中国版本图书馆 CIP 数据核字（2015）第 097411 号

配电现场作业安全手册 配电电缆运检

中国电力出版社出版、发行　　北京瑞禾彩色印刷有限公司印刷　　各地新华书店经售
（北京市东城区北京站西街 19 号　100005　http://www.cepp.sgcc.com.cn）
2015 年 6 月第一版　　2019 年 4 月北京第二次印刷　　印数 3001—4500 册
889 毫米 ×1194 毫米　横 32 开　2.125 印张　53 千字　定价 **15.00** 元

前言 PREFACE

近年来，随着我国城镇化建设和新农村建设不断发展，配电网络建设也进入了快速发展阶段，新的配电网建设和新设备的投入运行给电力安全生产工作也带来了新的挑战。如何通过培训来提高配电作业人员安全素质和安全意识，牢固树立“培训不到位是重大安全隐患”的意识，满足安全生产的需要，防范安全生产事故的发生，保持安全生产持续稳定，是供电企业急需解决的课题。

搞好安全生产，就是要树立“预防为主”、“关口前移”的安全理念，通过对作业过程的事前危害辨识与风险评估、事中落实管控措施、事后总结与改进，最终达到风险超前控制和持续改进的目的。为了实现这一目的，提高配电作业人员对现场作业风险的辨识能力，规范作业行为及作业现场，减少或避免事故的发生，我们特编写一套《配电现场作业安全手册》丛书。

本丛书共分5本，《配电线路及设备运维》、《配电自动化运维》、《配电带电作业》、《配电工程施工》、《配电电缆运检》，基本涵盖了配电的主要作业，对配电作业各个环节存在的危害进行辨识，对风险进行分析，在此基础上制定防控措施。为电力从业人员提供很好的学习教材，对提高员工安全技能水平，纠正不安全作业行为，建立员工的风险理念，将会起到十分重要的作用。

本丛书运用了图文并茂的3D漫画形式，如临现场，生动活泼，具有看图说话、通俗易懂等特点，贴近一线作业现场，便于读者阅读学习和掌握。

由于编写人员水平有限，难免有不妥之处，恳请广大读者批评指正。

编　　者

目录 CONTENTS

一、配电现场作业的一般要求

（一）安全防护

一、配电现场作业的一般要求

（一）安全防护 >>

1. 每次进行现场作业，使用安全工器具和劳动防护用品前必须进行外观检查并使用合格的安全工器具。

一、配电现场作业的一般要求

（一）安全防护 >>

2. 工作人员进入生产现场必须正确佩戴安全帽，穿棉质服装，必要时穿防护服、戴面罩及护目镜。

一、配电现场作业的一般要求

（一）安全防护 >>

3. 安全帽佩戴前，应检查安全帽无损伤、裂痕，内部防护带完好，佩戴时下颌带必须系紧。

一、配电现场作业的一般要求

（一）安全防护 >>

4. 登杆（塔）作业前，工作人员应会同工作负责人（监护人）共同检查脚扣、安全带、梯子、脚钉、爬梯、防坠装置等是否完整牢固。

一、配电现场作业的一般要求

（一）安全防护 >>

5. 在没有脚手架或在没有栏杆的脚手架上工作，高度超过1.5米时，应使用安全带，或采取其他可靠的安全措施。安全带的挂钩或绳子应挂在结实牢固的构件上，禁止挂在移动或不牢固的物件上，并应采用“高挂低用”的方式。

6. 安全带和保护绳应分别挂在杆塔不同部位的牢固构件上，如安全带确无合适挂点时，应使用“安全带专用悬挂器”。

一、配电现场作业的一般要求

（一）安全防护 >>

7. 作业人员视线范围内看不到接地线时，应使用个人保安线，并应先验电，后挂接；作业结束后，作业人员应拆除个人保安线。

一、配电现场作业的一般要求

（一）安全防护 >>

8. 禁止用个人保安线代替接地线使用。

一、配电现场作业的一般要求

（一）安全防护 >>

9. 高处作业应一律使用工具袋，上下传递物件要用非金属绳拴牢，严禁上下抛掷。

一、配电现场作业的一般要求

（一）安全防护 >>

10. 高空落物区不得有无关人员通行或逗留，在人行道口或人口密集区从事高处作业，工作点下方应设围栏或其他保护措施。

（二）现场勘察

一、配电现场作业的一般要求

（二）现场勘察 >>

1. 现场勘察细查看，确保安全防隐患。

一、配电现场作业的一般要求

（二）现场勘察 >>

2. 严格执行现场勘察制度。配电网改造、大修、业扩、检修、升级改造工程、复杂倒闸操作等风险较高的作业，应由各单位分管安全（生产）的领导提前组织安监人员、技术人员、工作负责人等进行现场勘察。

一、配电现场作业的一般要求

（二）现场勘察 >>

3. 现场勘察应明确工作内容、停电范围、保留带电部位等，应查看交叉跨越、同杆架设、邻近带电线路、反送电等作业环境情况及作业条件等。

一、配电现场作业的一般要求

（二）现场勘察 >>

4. 根据现场勘察结果，由工作负责人会同技术负责人分析触电、高处跌落、误登带电杆塔等作业风险，编制组织措施、安全措施、技术措施和施工方案，并由本单位安全生产负责人审核主管领导批准后执行。

（三）两票三制

一、配电现场作业的一般要求

（三）两票三制 >>

1. 现场作业必须严格执行“两票三制”，不得无票工作，无票操作。

一、配电现场作业的一般要求

（三）两票三制 >>

2. 线路的停、送电均应按照调度员或工作许可人的指令执行，禁止约时停、送电。

一、配电现场作业的一般要求

（三）两票三制 >>

3. 雷电时禁止就地进行倒闸操作和更换熔丝工作。

一、配电现场作业的一般要求

（三）两票三制 >>

4. 在一经合闸即可送电到作业地点的隔离开关、断路器操作机构把手或跌落式熔断器杆塔上应悬挂“禁止合闸，线路有人工作”标示牌，必要时指派专人看守，防止向检修线路误送电。

一、配电现场作业的一般要求

（三）两票三制 >>

5. 工作区域涉及跨越公路、人口密集区时，安全遮栏（围栏）应醒目、充足，指派专人看守，防止无关人员误入工作现场。

一、配电现场作业的一般要求

（三）两票三制 >>

6. 在配电设备上作业，必须落实防止反送电和感应电的措施。所有可能送电至作业的线路高压侧应有明显的断开点，并验电、挂接地线，不得遗漏。

一、配电现场作业的一般要求

（三）两票三制 >>

7. 接地线应全部列入工作票，工作负责人应确认所有接地线均已挂设完成，方可宣布开工。

一、配电现场作业的一般要求

（三）两票三制 >>

8. 工作结束，工作负责人应确认所有工作接地线均已收回，方可办理工作结束手续。

一、配电现场作业的一般要求

一、配电现场作业的一般要求

（四）安全交底 >>

1. 开工前要召开班前会，对所有参加工作的人员进行安全、技术交底。

一、配电现场作业的一般要求

（四）安全交底 >>

2. 安全、技术交底后，所有参加作业的人员应做到“四清楚”（作业任务清楚、现场危险点清楚、现场的作业程序清楚、应采取的安全措施清楚），确认后在工作票、安全风险控制单（危险点控制单）上签字，不得代签。

一、配电现场作业的一般要求

（四）安全交底 >>

3. 有外来人员施工时，应审查其施工资质，签订安全协议，对所有参加工作的施工人员进行安全培训、考试，进行安全、技术交底。

一、配电现场作业的一般要求

（五）现场监护

一、配电现场作业的一般要求

（五）现场监护 >>

1. 根据工作需要安排专责监护人，专责监护人应由有一定工作经验、熟悉规程、熟悉工作范围内设备情况的人员担任。作业前核对设备名称、工作范围并经监护人确认，方可进入分接箱。

一、配电现场作业的一般要求

（五）现场监护 >>

2. 专责监护人应明确被监护人员、监护范围、监护位置、监护职责、作业过程中的带电部位和危险点。设备操作时，应戴安全帽、绝缘手套、穿好绝缘靴。操作时应先检查设备是否正常。

一、配电现场作业的一般要求

（五）现场监护 >>

3. 专责监护人在开工前应向被监护人员交待安全措施、告知危险点和安全注意事项。作业前所有进、出电缆必须验电接地，工作人员必须在底线保护范围内工作。

（五）现场监护 >>

4. 专责监护人临时离开时，应通知被监护人员停止工作或离开工作现场，待专责监护人返回后方可恢复工作。

一、配电现场作业的一般要求

（五）现场监护 >>

5. 被测设备在测量前后，都必须对地放电。

6. 配电设备接地电阻不合格时，应戴绝缘手套方可接触箱体。

一、配电现场作业的一般要求

（五）现场监护 >>

7. 在市区或人口密集的地区进行带电作业时，工作现场应设置遮栏（围栏），派专人监护，禁止非工作人员入内。

二、作业风险分析与控制

（一）电力电缆作业

二、作业风险分析与控制

（一）电力电缆作业 >>

安全风险

（1）单人工作。

（2）误入带电设备。

（3）触电伤害。

（4）残留电压伤害。

（5）带电断电伤害。

（6）误锯带电电缆。

（7）带电移动电缆接头。

（8）电缆耐压试验时伤害。

二、作业风险分析与控制

（一）电力电缆作业 >>

1. 作业前核对电缆名称、编号、作业范围，并经监护人确认，方可开始工作。

二、作业风险分析与控制

（一）电力电缆作业 >>

2. 作业前所有进出电缆必须验电接地，工作人员必须在地线保护范围内工作。

3. 电缆井内工作时，禁止只打开一只井盖（单眼井除外）；电缆沟的盖板开启后，应自然通风一段时间后再进入沟内工作。

二、作业风险分析与控制

（一）电力电缆作业 >>

4. 进入电缆井内作业，应先用吹风机排除浊气，再用气体检测仪检查井内易燃易爆及有毒气体的含量是否超标。

5. 拔插分接箱电缆插头时，要先验明线路电缆确已停电，并戴绝缘手套。

二、作业风险分析与控制

（一）电力电缆作业 >>

6. 严禁带电移动电缆接头。

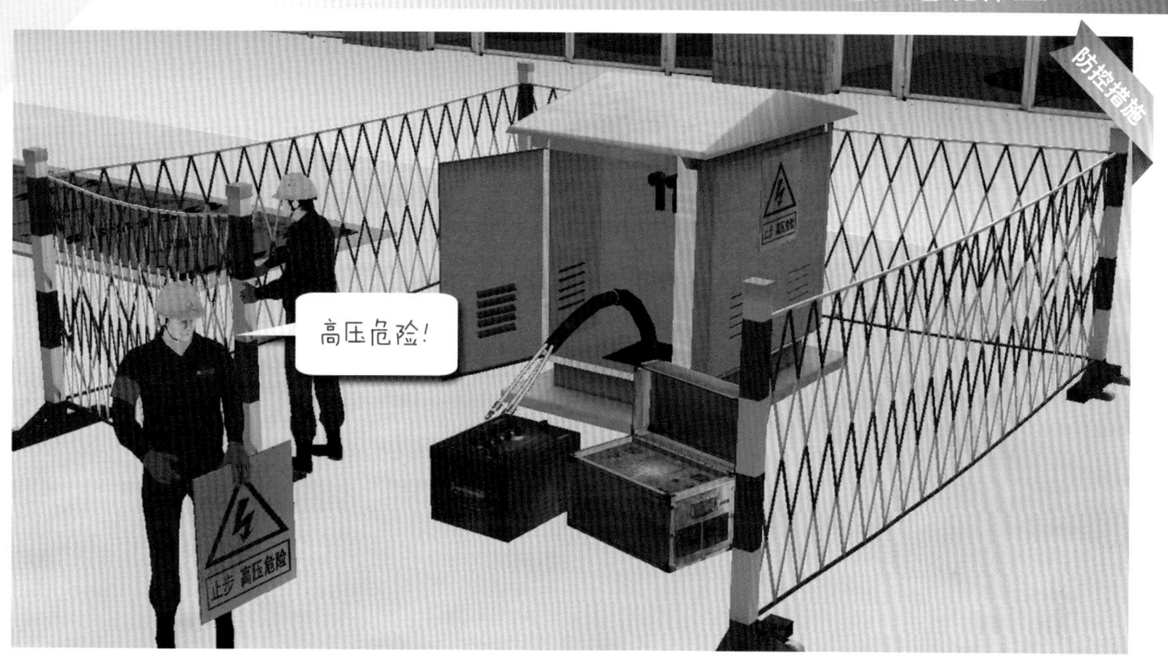

7. 电缆耐压试验前，加压端应做好安全措施，防止人员误入试验场所。另一端应设置围栏和警示标志，如另一端是上杆塔的或是锯断电缆处，应派人看守。

二、作业风险分析与控制

（一）电力电缆作业 >>

配电现场作业安全手册 配电电缆运检

8. 电缆耐压试验前，应先充分放电；电缆试验过程中，更换试验线时，应对设备充分放电，作业人员应戴绝缘手套。

9. 电缆耐压试验分相进行时，另两相电缆应可靠接地。

二、作业风险分析与控制

（一）电力电缆作业 >>

10. 电缆试验结束，应对被试电缆进行充分放电，并在被试电缆上加装临时接地线，待电缆尾线接通后方可拆除。

11. 电缆故障声测定点时，禁止直接用手触摸电缆外皮或冒烟小洞，以免触电。

二、作业风险分析与控制

（二）坑洞开挖

二、作业风险分析与控制

（二）坑洞开挖 >>

安全风险

（1）破坏地下管线。

（2）挖及带电电缆触电。

（3）沟洞垮塌伤亡。

（4）煤气、沼气中毒。

（二）坑洞开挖 >>

1. 施工前，应与地下管线、电缆等地下设施主管单位沟通，掌握其分布情况，确定开挖位置。

二、作业风险分析与控制

（二）坑洞开挖 >>

2. 在电缆及煤气（天然气）管道等地下设施附近开挖时，应事先取得有关运行管理单位的同意，在地面上设监护人，严禁用冲击工具或机械挖掘。

3. 在松软土质挖坑洞时，应采取加挡板、撑木等防止塌方的措施，不得由下部掏挖土层，及时清理坑口土石块，防止塌方。

二、作业风险分析与控制

（二）坑洞开挖 >>

4. 已开挖的沟（坑）应设盖板或可靠遮栏，挂警告标牌，夜间设置警示照明灯，并设专人看守。

5. 挖深超过2米时，应采取安全措施，如戴防毒面具、带救生绳、向坑中送风等，严禁作业人员在坑内休息。